走近大自然

与想象中的考古不一样

张劲硕　史军◎编著　余晓春◎绘

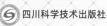

四川科学技术出版社

图书在版编目 (CIP) 数据

与想象中的考古不一样 / 张劲硕 , 史军编著 ; 余晓
春绘 . -- 成都 : 四川科学技术出版社 , 2024.1
（走近大自然）
ISBN 978-7-5727-1214-2

Ⅰ . ① 与… Ⅱ . ① 张… ② 史… ③ 余… Ⅲ . ① 考古学
– 少儿读物 Ⅳ . ① K85–49

中国国家版本馆 CIP 数据核字 (2023) 第 233996 号

走近大自然　与想象中的考古不一样
ZOUJIN DAZIRAN　YU XIANGXIANG ZHONG DE KAOGU BUYIYANG

编 著 者　张劲硕　史 军
绘　　者　余晓春

出 品 人　程佳月
责任编辑　黄云松
助理编辑　叶凯云
封面设计　王振鹏
责任出版　欧晓春
出版发行　四川科学技术出版社
　　　　　成都市锦江区三色路 238 号　邮政编码　610023
　　　　　官方微博　http://weibo.com/sckjcbs
　　　　　官方微信公众号　sckjcbs
　　　　　传真　028-86361756
成品尺寸　170 mm × 230 mm
印　　张　16
字　　数　320 千
印　　刷　河北炳烁印刷有限公司
版　　次　2024 年 1 月第 1 版
印　　次　2024 年 1 月第 1 次印刷
定　　价　168.00 元（全 8 册）

ISBN 978-7-5727-1214-2

邮　　购：成都市锦江区三色路 238 号新华之星 A 座 25 层　邮政编码：610023
电　　话：028-86361770

目录

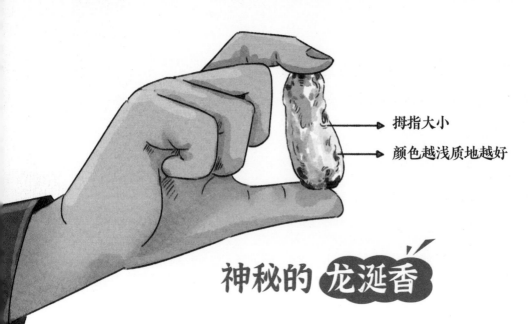

拇指大小

颜色越浅质地越好

神秘的 龙涎香

　　这里是迪拜，富商卡西姆打开一只抽屉，小心翼翼地取出了一个拇指大小的东西，它像一块白色的小石头，上面有褐色和灰色的斑点。它的气味很特别，像是一种夹杂着烟草和海洋气息的麝香味。

　　这块"石头"是龙涎香，是形成于抹香鲸肠道里的一种蜡状物质。只有大约1%的抹香鲸能产生龙涎香。

　　龙涎香因其独一无二的气味、不易挥发的特质，成百上千年来在香料、香水产业中备受青睐。此外，龙涎香也成为一些人的美食或药物。龙涎香的价格曾经达到黄金的两倍，如今，它的价格为每克数百元人民币。在卡西姆看来，龙涎香贸易蕴含着巨大的商机。龙涎香贸易成了他收益很高的一门副业。

20 世纪中期，科学家研发出合成的龙涎香，大多数香水制造商便开始依赖人工制造的龙涎香。但是，天然龙涎香仍然备受关注，因为人工龙涎香的香味和其他感官特质完全不能跟天然龙涎香比。同时，龙涎香的神秘性也成为人们追求它的原因之一。

龙涎香是抹香鲸的分泌物之一。

3

五花八门的起源说

世界上最早发现龙涎香的国家是中国。汉代的渔民在海里捞到一些清香四溢的蜡状漂流物，这就是经过多年自然变性的成品龙涎香。

虽然1 000多年前就存在龙涎香贸易，但目前科学家依然对这种物质了解甚少。人们不断在海滩上发现被海水冲上岸的龙涎香，或者从抹香鲸尸体中获取龙涎香。最初，科学家觉得抹香鲸产生龙涎香的理论太不可思议了，并不认可。

9世纪时，阿拉伯人认为，龙涎香可能是生长在海底的蘑菇。这样的观点曾经流行过很长时间。

树液

真菌

在 1491 年出版的一部草药百科全书中，作者引用了一种理论：龙涎香源自树液或某种真菌。12 世纪，来自亚洲的报告说龙涎香是龙的唾液。在不同时期，还出现过诸如龙涎香是一种瓜果、一种鱼肝或一种宝石等说法。

2015 年，权威科学刊物上的一篇论文指出，到了 1667 年，有关龙涎香的来源已有 18 种说法。多种动物可能是龙涎香的潜在制造者，这些动物包括海豹、鳄鱼甚至鸟类。

海豹　　鳄鱼　　鸟类

有关龙涎香起源的理论真是五花八门，这可能跟它们的外形特点有关。新鲜的龙涎香为黑色，黏度大，有浓烈的粪臭味，随着在海里漂泊时间的推移，龙涎香会变硬，颜色会变浅，并且出现褐色、灰色或白斑纹。单块龙涎香的重量可从几克到几十千克。龙涎香漂到陆地上时，看上去很像其他的物质。这导致有时人们辛辛苦苦找到的"龙涎香"，可能是石头、橡胶、海绵、脂肪块或蜡块，甚至可能是狗屎。

琥珀

龙涎香

　　就连龙涎香的英语单词也是误会的产物。"ambergris"（龙涎香）这个英语单词源自古老的法语词汇"灰色琥珀"，而这个词是为了区分同样发现于海滩上，用于香水、香料业的"琥珀色树脂"。此外，还有一个更早期的错误说法：琥珀得名于阿拉伯语中的"龙涎香"一词。然而，龙涎香不是琥珀，二者有着本质区别。

　　至少在9世纪时，阿拉伯人就已把龙涎香作为一种药物。后来，龙涎香又被作为一种香料引入西方。14世纪中期，黑死病横扫欧洲，生灵涂炭，富人把龙涎香等物质装进小容器，挂在颈部或腰部驱邪，因为他们错误地认为黑死病是由瘴气造成的。据说17世纪时，英王查理二世喜欢把龙涎香和鸡蛋一起吃。同时，龙涎香成为极品冰激凌的制作原料之一。如今，龙涎香鸡尾酒依然是一些酒馆的上品之选。

龙涎香

鲸鱼肠梗阻

科学家的研究

2006 年，已经研究龙涎香超过 50 年的英国海洋生物学家罗伯特·克拉克发表论文指出：当鱿鱼的角质颚嵌在抹香鲸肠道中会形成梗阻，粪便物质就会在梗阻处堆积，最终肠道因为被强烈拉伸而破裂，导致鲸鱼死亡，龙涎香被释放到海水中。克拉克已在 2011 年去世，但他的这一理论如今被广泛认可。一些鲸鱼肠道中鱿鱼角质颚的存在，也为该理论的成立提供了依据。

虽然龙涎香很奇异，但它数量较少，并不具有太多的实用价值。因此，只有为数不多的科学家对龙涎香进行深入的研究。这就让我们对龙涎香的了解相当有限。

　　1820 年，法国科学家发现了龙涎香中的活性成分，并将它命名为龙涎香醇。这为后来科学家们研发合成龙涎香创造了条件。2017 年，一名科学家提出了一种验证龙涎香真伪的化学分析方法。2019 年，他对全球各地 43 个龙涎香样本进行检测，发现其中一些龙涎香已有上千年历史。他还指出，虽然天然龙涎香曾经是一种全球性商品，但人工合成的龙涎香已被广泛使用。这意味着天然龙涎香的商品属性逐渐改变，它只是一种生物学和化学上的珍品而已。

商机与风险

对于富商卡西姆来说，龙涎香贸易只是他的一门副业，因为龙涎香不仅让他着迷，还能给他带来不小的收益。为了发现上品龙涎香，他去过 100 多个国家。有时候，他会在当地媒体投放广告，寻求龙涎香提供者。有时候，他一听到有关大块龙涎香货源的报道，就会马上乘坐飞机前往当地。

与其他的高价值商品不同，天然龙涎香不能经培育或采掘得到，只能在有抹香鲸的海域被冲上海滩。卡西姆在斯里兰卡有一个龙涎香供应网络，那里的龙涎香通常由渔民发现。在莫桑比克、南非、索马里、也门、巴哈马群岛和新西兰等地，也传出发现上品龙涎香的报道。在也门，渔民曾从一具抹香鲸尸体上获取到了价值超过 1 000 万元人民币的龙涎香。

龙涎香

卡西姆的买家主要在法国，那里的香水制造商依然对天然龙涎香有需求。在中东和印度，卡西姆也有买家，这些地方的人们相信龙涎香有医疗价值。

　　龙涎香的市场需求和高利润，促使专业或业余的龙涎香猎手的产生。

一发现龙涎香，骆驼就会蹲下

　　10世纪时，骆驼牧民教骆驼嗅探龙涎香。一发现龙涎香，骆驼就会蹲下。后来，人们又训练狗来嗅探龙涎香。

　　2013年，英国某海滩上有人在遛狗时发现了一块怪异的石头，专家估计其价值连城，但检测后才发现它不过是固化的棕榈油。被冲上海滩的固化棕榈油常被误认为龙涎香。更糟糕的是，他的狗死了，死因很可能是棕榈油对狗有致命伤害。

卡西姆说，龙涎香市场上充满欺诈，没有经验的买家有可能花大价钱买来的只是赝品。事实上，早在 16 世纪就有报告说，进口自亚洲的一些"龙涎香"是用蜂蜡、树脂或木屑伪造的。

　　许多成功的龙涎香猎手和商人千方百计地为自己的行当保密。一位生物学家曾花了数年时间来调查龙涎香贸易。他曾造访过一座新西兰的岛屿，那附近的深海中游弋着许多抹香鲸。岛上住着约 400 名居民，他们因为龙涎香而发了财。当他向岛民们提起龙涎香时，他们都闭口不谈。2012 年，这位生物学家出版有关龙涎香贸易的专著，紧接着，他便收到警告邮件说这座岛将不再欢迎他。

可靠的检测方法

科学家已经有了查验龙涎香真伪的可靠方法，其中一种被称为毛细管气相色谱－质谱联用检测法。2020年，科学家通过 DNA 检测，首次证明了龙涎香是由抹香鲸产生的。科学家希望继续探索龙涎香，由此进一步揭示有关海洋生态系统的奥秘。另一方面，商人们希望迷雾继续笼罩龙涎香，以维持它的不朽魅力。

检测出龙涎香含有哪些物质，以及每种物质的比例

毛细管气相色谱－质谱联用检测法

龙涎香研究者同时也面临着挑战：样本和数据点难以获得。克拉克最早提出龙涎香起源的科学理论，当时他的大部分研究是在大规模捕鲸的最后几十年进行的。他研究的龙涎香样本是直接从抹香鲸尸体上获取的。大规模捕鲸被禁止后，现代研究者便失去了这样的研究条件。因此有人预言，克拉克有关龙涎香的理论短期内很难被超越。

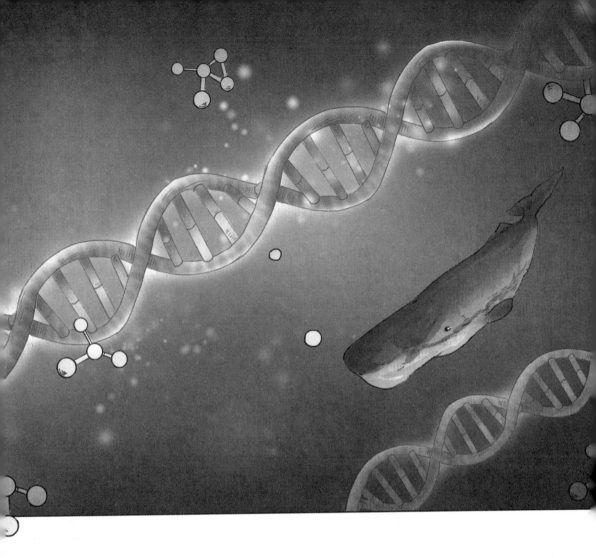

　　科学家破解的只是龙涎香的化学奥秘，关于龙涎香的更多奥秘在等待人类去破解。随着环保和生态保护意识的增强，相关产业对天然龙涎香的需求正在被合成的龙涎香满足，但天然龙涎香不可能完全被替代。有人把龙涎香比喻为天然钻石，而人造钻石显然不能与天然钻石相提并论。龙涎香如此珍贵，抹香鲸亟待保护，人们对天然珍品龙涎香的保护和探索也将继续下去。

被冲上岸的 动物们

深海有许多奇异的动物，我们平常很难见到它们，但它们偶尔会被海水带到海滩上。接下来，我们来认识过去十年里被冲上海滩的一些动物。

巨型乌贼

百年来，巨型乌贼引发了一些神话传说，但人们其实很少见过它。巨型乌贼是世界上最大的无脊椎动物，它们的眼睛在所有动物中最大。它们生活在深海，很少被冲上岸，但在特殊情况下，意外也会发生。2013 年，一只巨型乌贼被冲上西班牙一处海滩，其体长达 3 米，质量为 180 千克。2020 年，一只更大的巨型乌贼被冲上南非的一个海滩，其体长为 4 米，质量达 330 千克。

巨型 "海怪"

　　2018 年 5 月，在菲律宾民都洛岛上，渔民们被出现在海滩上的一头毛茸茸的巨兽的尸体惊呆了。它的身体竟然有 6 米长，还发出强烈的恶臭……在专家前来辨识这个庞然大物之前，渔民们称之为 "海怪"。科学家经过查验后认为，这头 "海怪" 很可能是一条鲸鱼，它身上的 "毛发" 很可能是正在腐烂的肌肉纤维。

大白鲨肝脏

大白鲨

肝脏不见了的大白鲨

2017 年 5 月，三条大白鲨被冲上南非的一处海岸。奇怪的是，它们的肝脏全都不见了，其中一条大白鲨的心脏也不见了。科学家对这些大白鲨进行尸检，以确定死因。调查发现，杀死这些大白鲨的"凶手"是虎鲸（也称杀人鲸）。虎鲸惯于袭击鲨鱼和海豚，而这些大白鲨尸体上的伤痕完全符合虎鲸袭击的特征。虎鲸尤其偏爱食用大白鲨肝脏，因为鲨鱼肝脏充满脂肪，富含营养。

头上有"灯泡"的琵琶鱼

2021 年 5 月，在美国加利福尼亚州的一座海洋公园里，一位渔民发现了一条深海琵琶鱼的尸体。这种模样诡异的鱼真是难得一见，因为它们生活在距海面 900 米深度以下的区域。它的头顶上悬垂着像是"灯泡"的发光附肢，它用这个"灯泡"在黑暗的深海中吸引猎物。

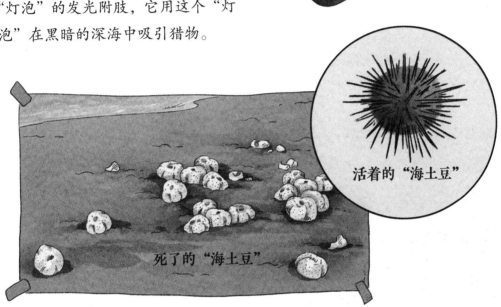

活着的"海土豆"

死了的"海土豆"

"海土豆"

2018 年 8 月，在英国的一处海滩上，人们惊奇地发现到处都是死了的"海土豆"。这些网球大小的"海土豆"，其实是心形海胆。这些海胆活着时，全身覆盖着褐黄色短刺。它们通常在海床上爬行，寻找食物，并喜欢躲避在海藻和其他海洋生物群体中。科学家推测，大量海胆冒险出动极大可能是为了繁殖后代，但一场海上风暴让它们搁浅了。

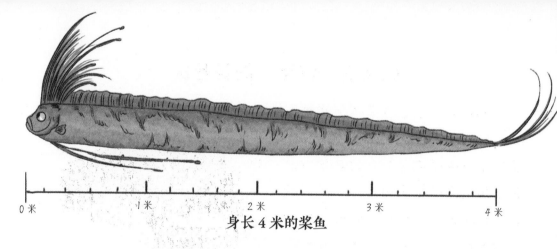

身长 4 米的桨鱼

神秘的桨鱼

  2015 年 5 月，美国加利福尼亚州的一处海滩上，惊现了一条巨大的深海桨鱼（也称皇带鱼）的尸体。这条身长 4 米的桨鱼，为科学家研究难得一见的深海鱼的生理结构提供了一个良机。除了检验它的肌肉、进食器官和"果冻状"的骨骼外，科学家还仔细观察了它的生殖系统。经检查后，科学家发现它是一条雌鱼，有一对长达 2.1 米、重达 11 千克的巨大卵巢。

海肠子

2019 年，在美国的一处海滩上，大批海肠子搁浅了。这种海虫有着肥胖的体形，非常利于它们在潮间挖洞。这些海虫的搁浅是一场风暴造成的。强风暴和巨浪会导致大量沙子移动，海虫洞穴因此被破坏，海虫便被甩到海滩上。

搁浅的水螅虫

僧帽水母

乘风破浪的水螅虫

2014 年，美国西海岸发生了水螅虫大规模搁浅事件。通常成百上千的水螅虫组成一个大型结构，像一艘大船在大海中航行。在大海中，有一种"水母"并不是真正意义上的水母，它的真身是水螅虫的集合体，学名为"僧帽水母"。这个外观诱人的"水母"有剧毒，是海洋里致命的杀手。它的浮囊上有发光的膜冠，能自行调整方向，借助风力在水面漂行。这些水螅虫集体殒命海滩，就像"船"搁浅了。

长喙猛鲑

长喙猛鲑

2014 年 5 月，美国北卡罗来纳州一处海滩上，惊现了一条长相恐怖的无鳞长牙鱼。让人害怕的是，这条鱼竟然还是活的。这是一条生活在深海的长喙猛鲑。长喙猛鲑通常用长牙咬碎甲壳纲动物、乌贼和鱼，甚至同类。这条长喙猛鲑被人们放回了大海，可它后来又出现在海滩上，这意味着它可能病得很厉害，无法再回到大海中生活。

"海怪"的身份

2018年7月，一头身长近5米的"海怪"搁浅在美国的一处海滩上。因为尸体腐烂严重，很难辨认它的身份。有目击者根据它的庞大体形推测它是一条鲸鱼。专家最终鉴定它是一条姥鲨（也称姥鲛），这可是世界上第二大的鱼类。由于这条姥鲨的体形太大，人们不得不动用推土机，才将它搬离海滩。

姥鲨（也称姥鲛）

海象牙羊头形工艺品　　　海象牙小雕塑　　　海象牙棋子

北欧渔猎者在恶劣的气候中打造了一个利润丰厚的海象牙市场。但为什么他们的成功没有持续下去？

中世纪的贸易 海象牙

大约 1 000 年前，生活在欧洲的贵族常常用海象牙雕刻一些工艺品，来显示财富或朝拜神明。

在北大西洋沿岸各地的中世纪早期遗址中，科学家发现了数百件海象牙工艺品，包括手杖柄、棋子和人物小雕塑等。这些海象牙艺术品的发现，证明了曾经的贸易网络从地中海一直延伸到北美洲。这种贸易是当时生活在格陵兰岛的挪威定居者的经济支柱。

之前科学家认为，北欧人搬到格陵兰岛是为了猎取大西洋海象。后来由于气候越来越冷，这些移民在生活几个世纪后又离开了。最新研究表明，海象牙市场的没落，直接导致了定居点的废弃。

海象牙

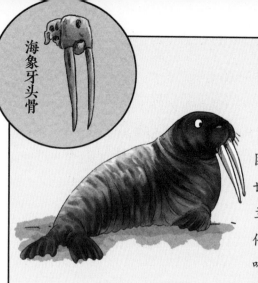

海象牙头骨

骨骼会"说话"

2014 年，欧洲科学家巴雷特领导的团队通过分析在欧洲各地遗址发现的中世纪海象骨骼碎片，解读出了来自格陵兰岛的海象牙对中世纪经济的重要性。他们发现，格陵兰岛并不是海象骨骼的唯一来源，海象骨骼也可能来自斯堪的纳维亚半岛或冰岛的北海岸。

科学家检查了从中世纪的海象牙作坊中出土的 67 只海象鼻骨。海象猎人用斧头把海象的鼻子和两根象牙一起砍下来带走。在分离出象牙后，剩下的海象鼻骨被丢弃，后来科学家发现的正是这些海象鼻骨。

海象鼻骨

海象活着的时候，会从它们生活的环境中吸收同位素并沉积在骨骼上，从而反映出不同环境中的化学特征。科学家分析了其中 24 块骨头中的碳、氮、硫和氢同位素的比例，还通过其中 25 块骨头的 DNA 来佐证同位素分析的结果。研究表明，这些碎片所属的海象中只有一只可能来自斯堪的纳维亚半岛以北的巴伦支海，其余都来自格陵兰岛。

猎人狩猎地点转变

　　12 世纪，海象的骨头来自挪威移民定居区；到了 13 世纪，挪威移民定居区的海象牙越来越少，猎人狩猎的地方离家越来越远；最后，为了获取海象牙，猎人的狩猎地点到了格陵兰岛的西北部和现在加拿大的埃尔斯米尔岛。

　　长期在北大西洋沿岸各地进行遗址考古的考古学家麦戈文称，格陵兰岛西海岸的迪斯科湾曾经是主要的海象猎捕地，它的北面是梅尔维尔湾，那里的海冰很危险。挪威人使用的小船在那里面临的风险会更大。

　　在梅尔维尔湾以北，环境完全不同。格陵兰岛西北部和埃尔斯米尔岛之间的温暖海流使海洋不结冰，形成了被称为"北水区"的北极绿洲。这片开放的海洋吸引了各种鸟类以及海象、海豹和鲸等海洋哺乳动物。麦戈文认为，过去人们曾以为北欧人不能通过梅尔维尔湾，至少不可能频繁通过，而现在看来，他们是能通过的，而且这似乎是维持海象牙贸易的唯一选择。

　　如今，海象已经被世界自然保护联盟列入濒危物种红色名录，海象牙贸易已经被许多国家禁止。

让我们一起走近大自然，探索奇妙世界吧！